U0061282

改變世界的

STEM職業

安全科技英雄

湯姆積遜／著　　翟芮／繪

新雅文化事業有限公司
www.sunya.com.hk

改變世界的STEM職業
安全科技英雄

作　　者：湯姆積遜（Tom Jackson）
繪　　圖：翟芮（Rea Zhai）
翻　　譯：吳定禧
責任編輯：林可欣
美術設計：徐嘉裕
出　　版：新雅文化事業有限公司
香港英皇道499號北角工業大廈18樓
電話：(852) 2138 7998
傳真：(852) 2597 4003
網址：http://www.sunya.com.hk
電郵：marketing@sunya.com.hk
發　　行：香港聯合書刊物流有限公司
香港荃灣德士古道220-248號
荃灣工業中心16樓
電話：(852) 2150 2100
傳真：(852) 2407 3062
電郵：info@suplogistics.com.hk
印　　刷：中華商務彩色印刷有限公司
香港新界大埔汀麗路36號
版　　次：二〇二四年四月初版

ISBN: 978-962-08-8346-0
Original Title: *STEM Heroes: Keeping Us Safe*
First published in Great Britain in 2024 by Wayland

18/F, North Point Industrial Building,
499 King's Road, Hong Kong
Published in Hong Kong SAR, China
Printed in China

目錄

他們是安全科技英雄！

有一羣英雄遍布世界各地，無時無刻運用各種科學（Science）、科技（Technology）、工程（Engineering）及數學（Mathematics），合稱**STEM技能**保護我們的安全。他們是不同領域的專家：有一些負責監管食物和建築物，有一些會監測風暴或野火等自然災害，還有專業的救援團隊利用頂尖的技術幫助人們脫離危險，守護人們的安全。

現在就去看看他們正在做什麼吧！

首先，你們知道STEM與安全有什麼關係嗎？

(S) 科學與安全

科學是探究事物運作方式的系統。例如，有科學家專門預測火山爆發的時間，讓人們有足夠時間避難到安全的地方（請參考第18頁）。

(T) 科技與安全

科技是為了讓生活更輕鬆便利而創造出來的各種工具。簡單如梯子是科技，用於探測颶風的人造衛星也是科技，都與安全息息相關。

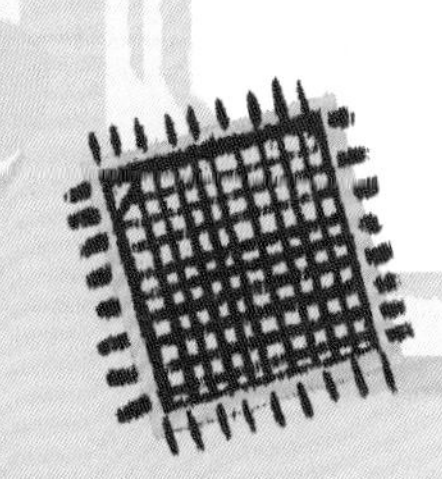

(E) 工程與安全

工程師通過科研來創造事物和新技術。運用在安全保障方面，例如設計出穩固的房屋，在海嘯中仍能不倒；或者安全的船隻，即使翻船後可以自動回復船艙向上。

(M) 數學與安全

科學家和工程師每天都會在工作中運用數學，例如計算小行星是否會撞擊地球，還是在地球數百萬公里以外擦身而過。（請參閱第26頁，了解小行星監測員的工作！）

保障健康與安全

你好！我們是**安全工程師**。雖然意外在所難免，但我們的工作是減少事故發生，同時亦確保在事故發生時，能盡量保護人們的人身安全。

多年來，在安全工程師的努力下，世界變得更加安全。他們的工作是檢視物品的製造過程，並檢查設計中可能存在的危險。

在建造大型建築物前，安全工程師會使用電腦來模擬人羣在緊急情況下的疏散路線，測試建築物是否有足夠的逃生通道。

這個模擬疏散過程的程式，就好像電腦遊戲，虛擬角色四處奔走，模擬扮演匆忙逃出建築物的人羣。

我們日常使用的物品如家具
和梯子，安全工程師也會確
保它們是安全的。
為了減緩火勢的蔓延，安全工程師還
發明了阻燃劑。這種化學物質可以給
予人們在火災時有更多逃生時間。
保護衣物
測試防火家具
許多事故是因為人們不理解如何正確使用工具
而導致的，所以良好的設計應是讓工具簡單易
用。以下哪個梯子擺放得正確呢？
這是正確的！

確保食品安全

說到要放進嘴裏的食物，當然是安全第一。**食品科學家**和其他專家會研究不同的食品，找出最安全的儲存和食用方法。

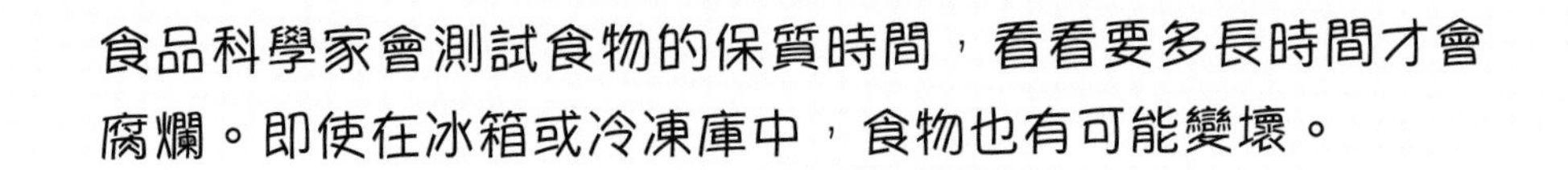
食品科學家會測試食物的保質時間，看看要多長時間才會腐爛。即使在冰箱或冷凍庫中，食物也有可能變壞。

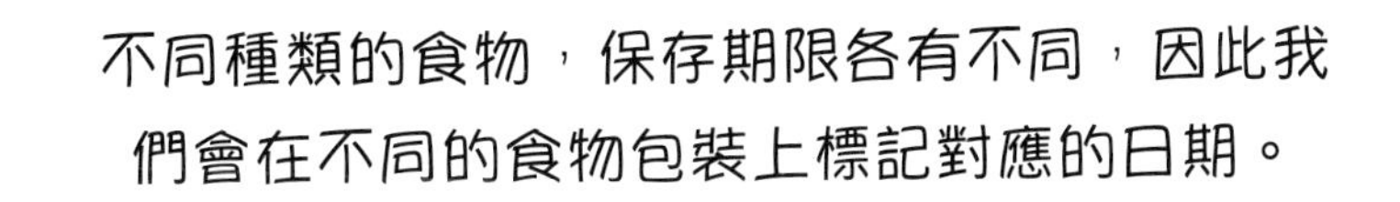

道路使用者的安全

汽車設計師會為車輛增加安全功能，預防事故發生。

道路安全工程師和**城市規劃師**則致力確保所有道路使用者都能遠離危險。

這款汽車擁有堅固的鋼架結構。遇上撞車意外時，車輛外部可能會受損，但乘客仍會得到很好的保護。

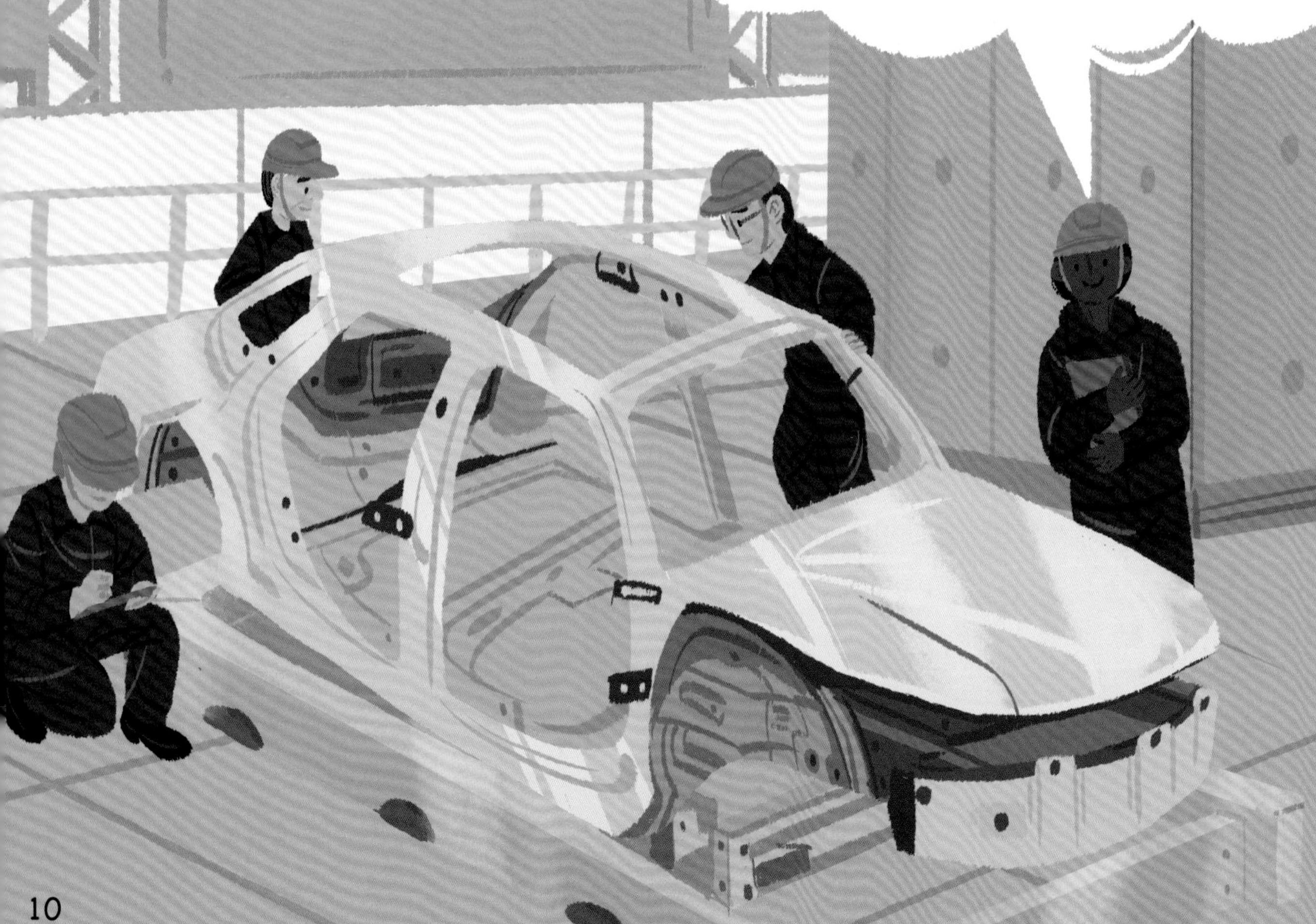

城市規劃師負責設計道路網絡。良好的設計可以為所有道路使用者提供充足的空間。除了給汽車使用的車道外，還包括單車徑和人行道。
道路標線和分界線
有助將不同的道路使用者分隔開來。
安全氣囊（緩衝墊）
假人模型
安全帶
減少乘客在車禍中受傷的風險
攝錄機
記錄撞擊測試的過程
新設計的車輛都會進行撞擊測試，以了解發生意外時車輛的表現。
車內的假人模型，用於測量車禍發生時對真人乘客的影響。

警報系統的功能

警報系統能夠預防危險情況進一步惡化。**安全工程師**創造了不同類型的警報系統來偵測問題，並在危險發生之前向人們發出警報。

防盜警報器

防盜警報器能夠保護建築物免受竊賊入侵。現時有許多類型的防盜警報器，有些可以感應到入侵者的體溫，有些則會在門窗被打開時觸發警報。

煙霧警報器

每棟建築物都應該裝設煙霧警報器。這個智能安全裝置，內含能夠通電的空氣。當煙霧進入警報器，空氣裏的電流會被干擾，繼而引發警報！

公共建築物都會設計好防火逃生路線，緊急出口標誌就算在煙霧中也能清晰可見。

自動撒水裝置

我在檢查建築物的自動撒水裝置。撒水噴頭通常安裝在天花板或牆壁上。在發生火災時，撒水系統會啟動，向整個區域噴灑水流以撲滅火焰。雖然所有人都會濕透，但他們的安全能得到保障！

一氧化碳警報器

一氧化碳警報器可以檢測到由損壞的設備（例如煤氣爐和焗爐）洩漏出來的有毒氣體。

緊急出口標誌

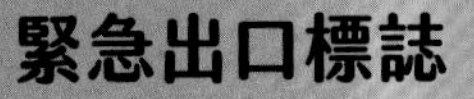

尋找污染源

污染是指大量排放至自然環境的物質，而且會危害野生動植物以及我們自身！STEM英雄會密切關注空氣、土壤和水中的危險物質。

無法回收再利用的垃圾通常會被埋在堆填區。堆填區是個深坑，內部鋪設黏土（有時還有塑料），以防止污染物外洩。

我是**環境科學家**，我會從自然環境中收集樣本來評估污染水平，並研究污染對野生動植物的影響。
環保分析師會制定應急計劃，應付危險化學物的洩漏事故。
當堆填區發生洩漏事故，電腦程式會計算並預測污染物的去向，當中涉及數學運算。

提防極端天氣

歡迎來到天氣觀測站！這裏是**氣象學家**工作的地方。他們除了預測當地的天氣狀況外，還負責提防極端天氣。

大型的暴風雨和強風十分危險，因此我們會在惡劣天氣來臨前，警告公眾尋找安全地方暫避。

人造衛星從太空中俯瞰，將雲層的圖像傳送到天氣觀測站。這個巨大旋渦代表颱風或颶風。氣象學家觀察颶風的移動軌跡，判斷它接下來的前進方向。

氣象學家使用非常巨大的超級電腦來預測全球的天氣變化。

火山警報！

我們是**火山學家**，專門研究火山。火山是個非常危險的地方，但我們知道如何在火山地區保持自身安全。

我們會收集火山口噴出的氣體資訊，判斷火山是否將會爆發。若有可能爆發，我們就會發出火山警報。

這些氣體是有毒的，所以我們必須穿着保護衣。

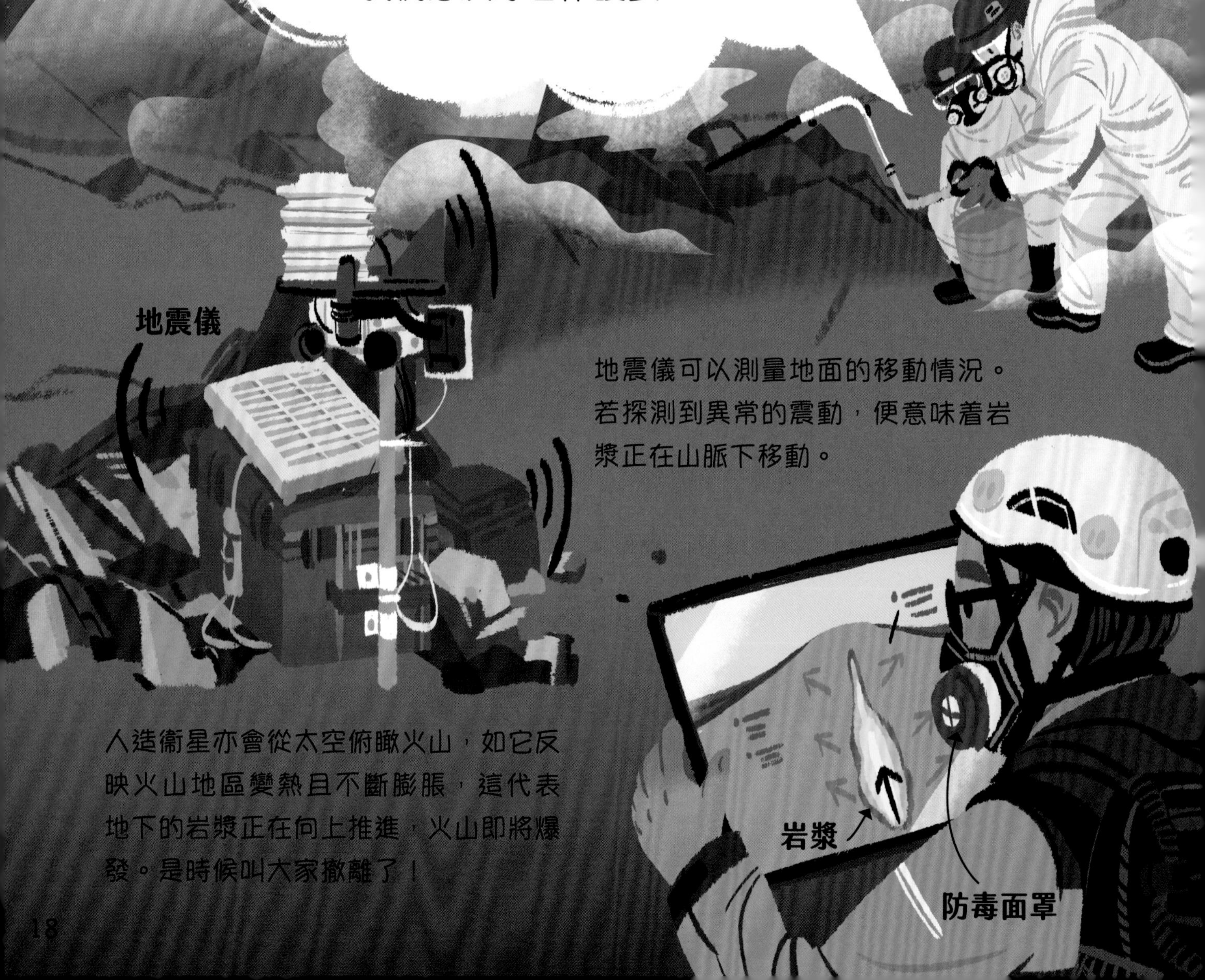

地震儀

地震儀可以測量地面的移動情況。若探測到異常的震動，便意味着岩漿正在山脈下移動。

人造衛星亦會從太空俯瞰火山，如它反映火山地區變熱且不斷膨脹，這代表地下的岩漿正在向上推進，火山即將爆發。是時候叫大家撤離了！

岩漿

防毒面罩

熔岩
（噴發到地面的岩漿）
當情況安全後，火山學家會返回現場收集一些熔岩樣本。熔岩中的化學成分可以反映火山內部的情況。
熔岩流
隔熱保護衣
我正在製作地圖，指出新噴發的熔岩之流動路線。如果這座火山再次噴發，這幅地圖可幫助我們推斷出哪些地方相對安全、可避開熔岩。

無畏的救援小組

救命！災難發生了，勇敢的救援人員現在必須與時間競賽，拯救生命！他們運用科學及科技尋找倖存者，並將他們安全撤離。

燃燒需要三種要素：熱量、燃料（可燃燒的東西）和氧氣。只要去除其中一項要素，火焰就會熄滅。例如向火場噴水可以帶走熱量，並使燃料變得不那麼易燃。放心吧，這場火災很快就會平息！
救援指揮官
消防員
不會燃燒的防火服
氧氣罐提供新鮮空氣
水管
耐高温靴子

確保海上安全

海上救援隊冒着生命危險搜救被困在大海的人。因此救生艇和其他設備的安全性都極高，以確保救援行動順利而安全地進行。

夜間在海上遇險時可以使用信號彈引起注意。它會發出明亮的閃光和釋放大量色彩繽紛的煙霧，而紅色煙霧正代表**情況緊急**！

這種特殊的飛機會在高空巡邏，運用雷達來探測該海域的每一艘船舶，包括遇難的船隻。

海上救援隊會根據空中巡邏人員的指示，前往搜救現場。

海嘯警報來了！

在海底發生的地震可以在海面上造成巨大的波浪，就像石頭落入池塘時產生的漣漪，只是規模大得多！當巨浪到達海岸時，有可能形成海嘯。海嘯是世界上最大且最危險的海浪！

結構工程師
設計可抵禦海嘯的建築物
高腳屋
柱子
浮標通過人造衛星與我們的中心通信。如果情況危急，我們將發出警報，讓沿岸地區的居民有足夠時間前往高處避難。
STEM英雄也確保我們的家園免受海洋的威脅！
這種搭建在柱子上的高腳屋由結構工程師設計，它可以在海嘯期間保持穩固，洪水只會從底下流過！

小行星監測員

巨大的小行星撞擊地球有可能造成非常嚴重的災難。**天文學家**專門研究太空，早已為此制定了應對方案，以維護世界的安全。

小行星是在太空中飛行的岩石。

望遠鏡的照片會顯示數百個星體。大多數星體每晚的位置都相同，但有些物體會移動。其中一些可能就是小行星。

我用電腦來比對這些照片，並找出移動的小行星。

當發現小行星時，我們需要知道它的大小和距離。我們是**數學家**，可以計算它下一步的去向。它將來會否撞擊地球？讓我們來找出答案吧。
目前我們尚未發現過會直擊地球的大型小行星，但我們早已開始準備對策，以防萬一。
為了測試保護地球的方案是否可行，科學家們已經成功利用人造衛星撞擊一顆小行星，以改變其軌道。

我要成為STEM安全科技英雄！

如果你想保衞人們的安全、將災民從危險中拯救出來，就需要學習一些STEM技能。

如何成為STEM安全科技英雄呢？

維護我們安全的STEM英雄具備了各個領域的專業知識，才有能力開發用於救援和警報的工具和系統。他們運用知識來識別潛在的危險，並研究方法以克服危機。

電腦科學：這是工程師的寶貴技能，他們才能夠編寫電腦程式以控制電子發明品。

物理學：這門學科研究宇宙萬物的運作規則，包括機器的運作。

天文學：這是探索外太空、恆星、行星和彗星（甚至關於整個宇宙）的科學。

地質學：這一門科學主要研究地球的運行方式、地球的構成及起源。

數學：安全科技英雄不斷運用數學來預測壞事可能發生的時間，包括危險的風暴及其他極端事件。

安全知識知多點

成為STEM英雄從來都不嫌早。試試挑戰以下題目，看看自己對安全知識的範疇有多熟悉。

問題 1：

在汽車撞擊測試中，坐在車內的是什麼？

A. 假人模型

B. 傻瓜

C. 工程師

問題 2：

火山學家研究什麼？

A. 汽車輪胎

B. 外星球

C. 火山

問題 3：

垃圾可安全地填埋在哪裏？

A. 海底

B. 垃圾堆填區

C. 樓梯下面

問題 4：

什麼衣服可以幫助你在水中生存？

A. 救生衣

B. 連體衣

C. 潛水衣

問題 5：

能抵禦海嘯的房屋是搭建在什麼之上？

A. 筷子

B. 旗子

C. 柱子

問題 6：

當煤氣罐損壞時會產生什麼毒氣？

A. 一氧化碳

B. 二氧化碳

C. 三氧化碳

你答對了 4 題以上嗎？你果然是安全科技專家！
如果 6 題全對——你就是**STEM英雄**！

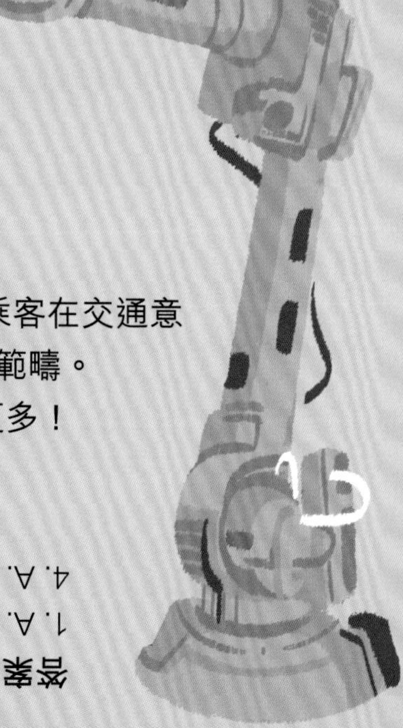

STEM安全小知識

- 每年有超過3億人因工作而受傷或生病，可見STEM英雄們仍需努力！
- 2010至2020年間，香港每年平均約有162名12歲以下的私家車兒童乘客在交通意外中受傷。在兒童座椅的改良、設計和使用方面，也是STEM的應用範疇。
- 現時，世界上每24秒就有人在道路交通事故中喪生。我們還要做得更多！

答案

1. A. 假人模型　2. C. 火山　3. B. 垃圾堆填區

4. A. 救生衣　5. C. 柱子　6. A. 一氧化碳

中英對照字詞表

architect 建築師：設計建築物或船隻的專家。

asteroid 小行星：太空中的岩石。

astronomy 天文學：研究恆星、行星和宇宙中其他物體的科學。

bacteria 細菌：微小的單細胞微生物，有些可以引起疾病。

computer 電腦：按照一套指令或程式來執行各種任務的機器。

engineer 工程師：設計和創造各種科技的專家，使人們生活得更好。

fungi 真菌：包括毒蕈和蘑菇在內的生物。真菌既不是植物也不是動物，而是完全獨立的生命形式。

geology 地質學：研究岩石和地球運作方式的科學。

hurricane 颶風：大型且猛烈的風暴，通常帶有強風和豪雨。颶風在海洋的溫暖地區形成，然後朝陸地移動。

intruder 入侵者：未經允許進入建築物的人。

lava 熔岩：從火山口噴射流出的炙熱液態岩石。在火山內的被稱為岩漿。

meteorologist 氣象學家：研究天氣的專家，負責預測天氣變化。

microbiologist 微生物學家：研究微小生物的科學家。那種微小生物只能透過顯微鏡看到，例如細菌。

microphone 麥克風：將聲音轉換為電子訊號的設備。

microscope 顯微鏡：用於觀察微小物體的設備。

oceanographer 海洋學家：研究海洋的專家。

oxygen 氧氣：無色無味的氣體，地球大多數生物的生存要素。它也能引致燃燒。

physics 物理學：研究宇宙中一切運作定律的學科。

pollution 污染：存在於空氣、水或土壤中不需要的物質。有些污染物會導致疾病。

program 程式：告訴電腦和其他設備如何工作的指令。

radar 雷達：發射強大無線電波的系統，這些電波會在遠處的物體上反射。雷達系統接收回聲以檢測遠處肉眼看不到的物體。

retardant 阻燃劑：阻止物體燃燒和火焰擴散的化學物質。

satellite 衛星：圍繞地球不斷運行的星體，人造衛星就是一種太空船。

science 科學：了解世界運作方式的系統。

seismograph 地震儀：測量系統，用於檢測地震。

structural engineer 結構工程師：負責建造堅固和安全的房屋、樓宇和其他建築物的專家。

technology 科技：利用最先進的科學和工程技術來完成工作的機器和發明。

telescope 望遠鏡：用於觀察遠處物體的設備。

vulcanologist 火山學家：研究火山的專家。

延伸學習

相關書籍

《這些機械太神奇！圖解機械的日常運作》
通過機械的大特寫及剖面圖，讓孩子了解各種機械的運作模式，開始欣賞科學！

《漫畫萬物起源 - 偉大創新〔科普漫畫系列〕》
深入淺出的科學漫畫解說，讓孩子輕鬆掌握百科知識。透過活潑生動的漫畫故事，介紹人類歷史上有趣的發明和發現，如地鐵、手提電話、雨衣等。

《1000 STEM WORDS 兒童英漢圖解 STEM 1000字》
介紹各種與STEM相關的名詞、動詞和形容詞，幫助孩子理解重要的科學概念。

相關網站

Car safety STEM activities（英文網站：汽車安全STEM活動）
www.stem.org.uk/rx33pz
通過數據分析，學習與汽車安全的相關知識。

Extreme weather STEM activities（英文網站：動手模擬極端天氣）
www.stem-works.com/subjects/5-extreme-weather/activities
根據極端天氣的產生原理，介紹實驗遊戲，讓孩子模仿製作。

香港消防處——照相館
www.hkfsd.gov.hk/chi/gallery/
以圖片介紹消防員的制服、滅火和救護工具、消防車輛等。

給家長的話：左列的網站都富有教育意義，我們已盡力確保內容適合兒童，但也建議各位陪同子女一起瀏覽，以檢查內容有沒有被修改，或連結到其他不良網站或影片。

索引